Victor Killian

Eignungsanalyse zum Barrierefreien Tourismus in Rheinsberg

GRIN Verlag

Bibliografische Information der Deutschen Nationalbibliothek:

Die Deutsche Bibliothek verzeichnet diese Publikation in der Deutschen National-
bibliografie; detaillierte bibliografische Daten sind im Internet über http://dnb.d-
nb.de/ abrufbar.

Impressum:

Copyright © 2012 GRIN Verlag GmbH
Druck und Bindung: Books on Demand GmbH, Norderstedt Germany
ISBN: 978-3-656-24509-4

DIE EIGNUNG DER REGION RHEINSBERG

FÜR BARRIEREFREIEN TOURISMUS

Belegarbeit im Modul
Gesundheit und Tourismus IV

Wintersemester 2011/2012
Studiengang Regionalmanagement

Bearbeiter: **Victor Killian**

Abgabetermin der Arbeit: **29.02.2012**

Inhaltsverzeichnis

Abbildungs- und Tabellenverzeichnis

Vorwort

Tourismus[1] in seiner heutigen Form ist ubiquitär. Nahezu jede Region weltweit definiert sich selbst als Urlaubsregion oder hat den Tourismus in regionalen Entwicklungs- oder Marketingkonzepten implementiert. Demzufolge partizipieren gegenwärtig etliche Anbieterregionen an diesem Wirtschaftszweig und sind auf dem Reisemarkt präsent.

Doch der aktuelle Status Quo hat sich erst nach und nach entwickelt. War das Reisen in der Anfangsphase von 1850 bis 1914 nur der Elite mittels Kutschen vorbehalten, so haben, mit dem Ende des Zweiten Weltkriegs, steigende Gehälter, zunehmende Freizeitperioden und eine größere Erreichbarkeit von globalen Reisezielen, durch die avantgardistische Weiterentwicklung von Transportmitteln, dazu geführt, dass das Reisen einer breiten Masse zugänglich und finanzierbar geworden ist.[2] Parallel hierzu hat sich die Zahl der Anbieter von touristischen Dienstleistungen und der Nachfrager stetig nach oben entwickelt bis hin zur Ausprägung des Massentourismus.[3] Aus dieser Evolution heraus resultiert eine heutzutage starke Verhandlungsmacht des Touristen gegenüber oben genannter Fülle an Tourismusanbietern.

Des Weiteren haben sich die Bedürfnisse und Wünsche der Reisenden über die Jahrzehnte hinweg verändert. Dieser Fakt spiegelt sich in dem Verlangen des Urlaubers nach immer neuen emotionalen und kognitiven Erlebnissen wider. Summa Summarum hat der potenzielle Gast die Qual der Wahl zwischen lokalen, regionalen, überregionalen und sogar weltweiten Reisezielen und –regionen. Aus diesem Grund ist es wichtig im Bereich des Tourismus innovativ zu sein, um am Markt bestehen zu können und einer zunehmenden Marktsättigung entgegenzuwirken.

Um in diesem harten Wettbewerb der Urlaubsdestination um den loyalen Kunden, den wiederkehrenden Touristen, bestehen zu können, ist es seitens der Anbieter vonnöten, sich durch maßgeschneiderte Angebote in Bezug auf eine spezifische Zielgruppe zu differenzieren und somit die Region für die Zukunft strategisch zu positionieren und selektiv zu vermarkten[4].

Vor diesem Hintergrund fokussieren sich zunehmend die Anbieterregionen auf spezielle Tourismusformen, um sich hierbei durch eine noch stärkere Kundenorientierung von anderen Regionen abzuheben. Beispielhaft können hier Bildungs-, Städte-, Kur-, Wellness-, Abenteuer-, Strand-, Kreuzfahrt-, Seminar- und Tagungstourismus als besondere, vertiefende Tourismusformen genannt werden. Hierzu zählt auch der barrierefreie Tourismus, der im Mittelpunkt dieser wissenschaftlichen Abhandlung steht.

---

[1] Eine Definition zu Tourismus befindet sich im Anhang 1
[2] Vgl.: Freyer, W.: Tourismus. Einführung in die Fremdenverkehrsökonomie, 2001, S. 5ff
[3] ebenda, S. 10
[4] Vgl. Meyer, J.-A.: Regionalmarketing, 1999, S. 129

Diese Urlaubsform hat in den letzten Jahren bedingt durch den demographischen Wandel enorm an Bedeutung gewonnen. Die sich daraus ergebenden wirtschaftlichen Potenziale, vor allem für die Zukunft, haben mittlerweile viele Regionen erkannt. Doch längst nicht jedes Gebiet ist für diese Art des Reisens prädestiniert.

Inwiefern eine Region für barrierefreien Tourismus geeignet ist, soll anhand der ausgewählten Region Rheinsberg konkret analysiert werden. Die regionsspezifischen Ergebnisse werden dann grafisch in der SWOT – Analyse zur Eignung der Region Rheinsberg für barrierefreien Tourismus dargestellt (siehe Kapitel 2.2 ab Seite 7). Abschließend wird im Abschnitt Fazit und Handlungsempfehlungen eine Entscheidung über die Qualifikation der Region Rheinsberg getroffen.

Zunächst sollen jedoch die Merkmale des barrierefreien Tourismus speziell in Deutschland und die daraus abgeleitete ökonomische Relevanz für eine Region näher beleuchtet und nach Anbieter- und Nachfragerseite aufgeschlüsselt werden.

1 Barrierefreier Tourismus – Merkmale und ökonomische Bedeutung

Obwohl der Tourismussektor zu einer der größten Wirtschaftsbranchen zählt, ist das Reisen für vereinzelte Bevölkerungsschichten immer noch mit Komplikationen verbunden. Exemplarisch dafür stehen mobilitätseingeschränkte Personen und Behinderte, die lange Zeit vom touristischen Ablauf und der Planung ausgeschlossen und nicht als potenzielle Touristen erfasst und mit eingebunden wurden. Diese Situation wird sich aber vor dem Hintergrund des demographischen Wandels künftig ändern. Bereits heutzutage haben einige Anbieterregionen dieses sich bietende Potenzial erkannt und immer mehr Destinationen wollen auf diesen Zug mit aufspringen. Da es besonders im Bereich des Fremdenverkehrs ausgesprochen schwierig ist neue Innovationen zu entwickeln und innovative Angebote zu offerieren, bietet der barrierefreie Tourismus die einmalige Möglichkeit eine Unique Local Proposition[5] für die Region zu generieren und folglich im bereits erwähnten Wettbewerb der Urlaubsdestination einen Vorteil zu genießen. Welche ökonomischen Potenziale dahinter stehen, soll nachfolgend anhand der **Nachfragerseite** aufgezeigt werden.

Die stereotype Auffassung der „nicht – behinderten Umwelt", dass barrierefreier Tourismus ausschließlich auf mobilitätseingeschränkte Personen und Behinderte abzielt, muss an dieser Stelle klar widerlegt werden. In erster Linie dient der Abbau von Hindernissen, z.B. das Absenken von Bordsteinen, der Einbau von breiten rollstuhlgerechten Fahrstühlen, die Aufbereitung von Wegen, die Bereitstellung von Pflegern, Begleitpersonen für Sehbehinderte und vieles mehr, zweifelsohne dem engeren Nachfragerkreis (siehe Abbildung 1). Insbesondere für diese Personen ist das Verreisen ein wichtiger Faktor der Partizipation am gesellschaftlichen Leben[6] und gleichsam ein Reproduktionsfaktor zum Erhalt ihrer Leistungs- und Arbeitsfähigkeit und zur Steigerung der Kohärenz.

Im engeren Sinne	Im weiteren Sinne
• gehbehinderte Personen	• Analphabeten
• Personen im Rollstuhl	• klein- und großwüchsige Personen
• blinde und sehbehinderte Personen	• Senioren/ Ältere
• Gehörlose, schwerhörige und ertaubte Personen	• Kleinkinder
	• Schwangere
• Personen mit Sprach- oder Sprechstörungen	• Personen mit Kinderwagen
• chronisch erkrankte Personen	• Personen mit schwerem oder unhandlichem
• psychisch und seelisch behinderte Personen	Gepäck

---

[5] Vgl. Meyer, J.-A.: Regionalmarketing, 1999, S. 117
[6] Vgl.: Bundesministerium für Wirtschaft und Technologie [Hrsg.]: Tourismuspolitischer Bericht der Bundesregierung. 16. Legislaturperiode, Stand 2008, S. 43, Online im Internet. URL: http://www.bmwi.de/BMWi/Redaktion/PDF/Publikationen/tourismuspolitischer-bericht-der-bundesregierung,property=pdf,bereich=bmwi,sprache=de,rwb=true.pdf, Zugriff am 16.02.2012 um 10:12 Uhr

• greifbehinderte Personen • geistig und lernbehinderte Personen • Personen mit Gleichgewichtsstörungen	• Personen mit vorrübergehenden Unfallfolgen • Personen mit postoperativen Beeinträchtigungen • Übergewichtige Personen • Familien

Abbildung 1: Zielgruppen des barrierefreien Tourismus[7]

Doch die Annehmlichkeiten einer barrierefreien Umwelt sprechen weitere Zielgruppen an, die ebenfalls aus der Abbildung 1 entnommen werden können. Dazu zählen zum Beispiel Schwangere, Familie, Übergewichtige und Ältere/Senioren. Alleine die Gruppe der Älteren und Senioren wächst bedingt durch den Alterungsprozess in der Gesamtbevölkerung enorm an. Prognosen zeigen, dass der Altenqoutient[8] bis auf 72,7 % im Jahr 2030[9] ansteigen könnte. Diese fortschreitende Entwicklung der Über – 60 – Jährigen bedingt ebenfalls die Zunahme von chronischen Krankheiten[10] und Mobilitätseinschränkungen beispielsweise durch Rollstühle.

Wie vormals genannt, kann der eindimensionalen Eingrenzung des barrierefreien Tourismus auf körperlich und seelisch Behinderte widersprochen werden. Vielmehr richtet sich dieser spezielle Tourismus an ein breites Zielgruppenspektrum. Bekräftigt wird dieses Charakteristikum nochmals durch die Aussage, „dass eine barrierefreie zugängliche Umwelt für etwa 10 % der Bevölkerung zwingend erforderlich, für etwa 30 bis 40 % notwendig und für 100 % komfortabel ist."[11] Dementsprechend liegt auch die Zahl der potenziellen Nachfrager weit über den 6,8 Millionen schwer behinderten Menschen in Deutschland. Im Grunde ist ein Großteil der gesamten Bevölkerung, wenn sie zahlungswillig ist, als Nachfrager in Betracht zu ziehen.

Der barrierefreie Tourismus hat heute die Bedeutung eines Qualitätsmerkmals[12], das allen, den Besuchern und Bewohner sowie allen touristischen Dienstleistungen, zu Gute kommt.

---

[7] eigene Darstellung in Anlehnung an Allgemeiner Deutscher Automobil Club E.V.[Hrsg.]: Barrierefreier Tourismus für Alle. Eine Planungshilfe für Tourismus-Praktiker zur erfolgreichen Entwicklung barrierefreier Angebote. 2003, S. 14

[8] Der Altenqoutient ist das Verhältnis von den Über – 60 – Jährigen zu den 20 – bis 60 – Jährigen

[9] Vgl.: Freyer, W.: Tourismus. Einführung in die Fremdenverkehrsökonomie, 2001, S. 25

[10] Vgl.: Trute, F.-U./Trute, I.: Regionalentwicklung – Gesundheitsregion – Gesundheitsmanagement. In: OIKOS, Heft 3, 2007, S. 4

[11] Bundesministerium für Wirtschaft und Technologie [Hrsg.]: Ökonomische Impulse eines barrierefreien Tourismus für Alle. Kurzfassung der Untersuchungsergebnisse, 2004, S. 13

[12] Vgl.: Stoy, R.: Die Bedeutung von Barrierefreiheit für Stadt- und Tourismusmarketing, 2010, S. 7

In Korrelation mit dem steigenden Interesse und Bewusstsein für Qualität, nimmt überdies die Zahlungsbereitschaft des Kunden für höherwertigere touristische Dienstleistungen zu. Von der Warte her bietet die strategische Positionierung einer Region auf diese gehobene und umsatzstarke Form des Spezialtourismus die Möglichkeit, die lokale Wirtschaft zu stärken ohne auf die Schiene des Massentourismus setzen zu müssen, sondern sich vielmehr auf eine kaufkräftigere Nachfragersparte zu fokussieren.

Die hiesige Zielgruppe zeichnet sich durch weitere signifikante Merkmale in Bezug auf ihr Reiseverhalten aus.

So beweisen sie eine höhere Loyalität gegenüber ihrem Reiseziel, was gerade im Kampf um den wiederkehrenden Kunden von entscheidender Relevanz ist. Zudem wirkt ihre ganzjährige Reisetätigkeit der Saisonalität entgegen und sichert der örtlichen Hotellerie eine durchgehende Auslastung.[13] Darüber hinaus ist der barrierefreie Tourismus durch vermehrte Inlandsreisen geprägt. Wenn mobilitätseingeschränkte Personen und Behinderte außerhalb Deutschlands ein Urlaubsziel ansteuern, dann liegt dieses meist in Grenznähe zur Bundesrepublik um die Anreise zeitlich zu minimieren.[14] Aus den, in Abbildung 2, subsummierten Aspekten der Nachfragerseite lässt sich ein starkes wirtschaftliches Potenzial für Tourismusregionen schlussfolgern.

Nachfragerseite[15]	Anbieterseite[16]
• breites Zielgruppenspektrum[17] • höhere Kundenloyalität gegenüber der Urlaubsregion • durchschnittlich höhere Ausgaben der Reisenden vor Ort als normal üblich • deutlich geringere Saisonalität der Reisen • bevorzugtes Reisen im Inland	• maßgeschneiderte Angebote entlang gesamter Servicekette offerieren • zielgruppenbedingte Infrastruktur schaffen • Partizipation an der Entwicklung ermöglichen • Vernetzung regionaler Akteure • Innen- und Außenmarketing • Implementierung in strategische Konzepte

Abbildung 2: Charakteristika der Nachfrager und Anbieter

---

[13] Vgl.: Bundesministerium für Wirtschaft und Technologie [Hrsg.]: Ökonomische Impulse eines barrierefreien Tourismus für Alle. Kurzfassung der Untersuchungsergebnisse, 2004, S. 16ff

[14] Vgl.: Bundesministerium für Wirtschaft und Technologie [Hrsg.]: Barrierefreier Tourismus für Alle in Deutschland – Erfolgsfaktoren und Maßnahmen zur Qualitätssteigerung, 2008, S. 60

[15] siehe Quelle 13

[16] siehe Quelle 14, S. 79ff

[17] Vgl.: Allgemeiner Deutscher Automobil Club E.V.[Hrsg.]: Barrierefreier Tourismus für Alle. Eine Planungshilfe für Tourismus-Praktiker zur erfolgreichen Entwicklung barrierefreier Angebote. München 2003, S. 14

Zusammenfassend ist der wohl bedeutsamste Vorteil des barrierefreien Tourismus für eine Region, die Kombinierbarkeit mit nahezu allen weiteren speziellen Tourismusformen. Im Gegensatz zum Städte-, Strand und Badetourismus, Kreuzfahrttourismus usw., welche sich nur schwerlich bis gar nicht miteinander verbinden lassen. Folglich ermöglicht der barrierefreie Tourismus eine Erweiterung der Zielgruppe und das Herausbilden eines eminenten Qualitätsmerkmals ohne dabei andere Urlaubsarten, wie beispielsweise den Kultur- oder Städtetourismus, auszuschließen. Exemplarisch für diesen Aspekt steht die ausgewählte kulturell geprägte Region Rheinsberg, die im Punkt 2 im Mittelpunkt der Betrachtung steht.

Um all diese Potenziale erschließen zu können, muss die **Anbieterseite** im Gegenzug maßgeschneiderte Angebote entlang der gesamten touristischen Servicekette offerieren d.h. von der Bereitstellung barrierefreier Informationen für die Reise, über eine bequeme An- und Abreise bis hin zur zielgruppengerechten Unterbringung (siehe Anhang 2). Hierdurch kann das Interesse und die vorhandene Zahlungsbereitschaft der Zielgruppe angeregt werden. Andererseits setzt diese starke Kundenorientierung fachliche und kommunikative Skills der Mitarbeiter voraus.

Des Weiteren muss eine Vernetzung der regionalen Akteure auf drei Ebenen stattfinden. Diese Vernetzungen sollen vor allem zwischen den regionalen Akteuren und der Destination, zwischen den regionalen Akteuren und den Nachfragern sowie zwischen den einzelnen Akteuren selbst bestehen, um Synergien zu generieren. Somit sind die in einer Destination operierenden Akteure die Key – Ressource und das bedeutendste Potenzial einer jeden Tourismusregion. Ferner muss auch der Bevölkerung die Möglichkeit eingeräumt werden, an dieser Entwicklung partizipieren zu können. Diese in Abbildung 2 in Gänze aufgelisteten Merkmale der Anbieterseite sollen im Verlauf der wissenschaftlichen Arbeit mit Hilfe der SWOT – Analyse auf ihr Vorhandensein in der Region Rheinsberg überprüft werden. Somit sind diese Determinanten kongruent zu den Prüfkriterien, die für die Eignung einer Region für barrierefreien Tourismus von Relevanz sind.

2 Zum barrierefreien Tourismus in Rheinsberg

2.1 Zur Region Rheinsberg

Die Region Rheinsberg liegt im Norden Brandenburgs, etwa 80 km von Berlin entfernt, im landschaftlich reizvollen Ruppiner Land[18], welches durch eine große Wälder- und Seenvielfalt gekennzeichnet ist.

Diese landschaftliche Schönheit und Diversität wussten schon Dichter wie Kurt Tucholsky und Theodor Fontane als Inspiration zu schätzen. Erwähnt wird Rheinsberg beispielsweise in dem Werk *„Wanderungen durch die Mark Brandenburg"* von Fontane.

Metaphorisch wird Rheinsberg in zahlreichen Urlaubskatalogen als „Tor zur Mecklenburger Seenplatte", „Rheinsberg die Stadt zum Träumen" oder als „Kulturhauptstadt im Norden Brandenburgs"[19] betitelt. Diese Kunstbegriffe symbolisieren bereits die Bedeutung dieser Region als Ausflugs- und Urlaubsdestination. Ausschlaggebend ist die Lage an der Rheinsberger Seenkette und das etwa 2000 km lange Wasserwegenetz[20] mit direkter Anbindung an die eben genannte Seenplatte, die Rheinsberg zu diesen Untertiteln verhalf. Darüber hinaus ist die 8.466 Einwohner große[21] Stadt überregional bekannt für das Kulturgut aus der Zeit der Preußen. Epochale Gebäude wie das Schloss Rheinsberg und deren Schlossanlage, die Kammeroper, das Kavalierhaus und die Musikakademie zeugen von dem Einfluss des Herrschergeschlechts der Hohenzollern. Letztere ist darüber hinaus deutschlandweit und sogar europaweit für zahlreiche klassische Konzerte, darunter auch das Opern Festival im Sommer, berühmt. Zahlreiche Museen und Keramikmanufakturen verdeutlichen die lange historische Bedeutung Rheinsbergs. Diese Determinanten sind der Ursprung für die Selbstdarstellung und Vermarktung als „Kulturhauptstadt im Norden Brandenburgs".

Gepaart mit der Lage im ländlich peripheren Raum bietet die Region nicht nur Kultur- und Musikliebhabern viel Sehenswertes, sondern ebenso Naturbegeisterten und Wassersportlern diverse Ausflugsmöglichkeiten in der Natur. Der resultierende hohe Erholungswert spiegelt sich weiterhin in der Deklarierung einzelner Ortsteile wie Kleinzerlang und Flecken Zechlin als „staatlich anerkannte Erholungsorte" wider.

---

[18] siehe auch Anhang 3
[19] Vgl.: Sonnenschein, F. /Nicolaisen, J.: Destinations for the disabled or disabled Destinations? A comparative case study, Masterthesis, University of Southern Denmark 2011, S. 80
[20] Vgl.: Bundesministerium für Wirtschaft und Technologie [Hrsg.]: Barrierefreier Tourismus für Alle in Deutschland – Erfolgsfaktoren und Maßnahmen zur Qualitätssteigerung, 2008, S. 47
[21] Amt für Statistik Berlin – Brandenburg [Hrsg.]: Bevölkerung der Gemeinden im Land Brandenburg 31. 12. 2010, Statistischer Bericht A I 2 – hj 2 / 10, Potsdam 2011, S. 16, Online im Internet. URL: http://www.statistik-berlin-brandenburg.de/Publikationen/Stat_Berichte/2011/SB_A1-2_hj02-10_BB.pdf, Zugriff am 17.02.2012 um 17:45 Uhr

Aus eben aufgezeigten Gründen, besuchen im Jahr rund 1,5 Millionen Touristen[22] die Stadt Rheinsberg. Somit besitzt der Tourismus als Wirtschaftsbranche eine übergeordnete Bedeutung in der kleinen ländlich geprägten Verwaltungseinheit. Differente Branchen spielen lediglich eine devote Rolle. Hierzu zählt zum Beispiel die Lebensmittelsparte mit dem Unternehmen Rheinsberger Preussenquelle, die zusammen mit weiteren Unternehmen aus der Software- und Bauindustrie außerhalb der Stadt und fernab der touristischen Highlights im Gewerbepark angesiedelt sind.

Dementsprechend liegt der Fokus der Region auf der Tourismuswirtschaft. Seit 2002 wird die Angebotspalette in diesem Sektor kontinuierlich um den barrierefreien Tourismus ergänzt. Ursächlich dafür war der Bau des Hotels Haus Rheinsberg, einer komplett barrierefreien Hotelanlage, im Jahr 2002, der den strategischen Einstieg in diese spezielle Tourismusform bedeutete.[23] Gestützt wird die Positionierung auf das Segment Barrierefreiheit durch die Verlautbarung des gesamten Ruppiner Landes als eine von acht deutschlandweiten Modellregionen (Eifel, Erfurt, Fränkisches Seenland, Langeoog, Magdeburg, Niederlausitz, Sächsische Schweiz) für den barrierefreien Urlaub[24]. Auch höhere Instanzen wie das Land Brandenburg unterstützen diese Bewegung durch die Erstellung von Flyern, Wegweisern für barrierefreie Angebote sowie die Betreibung einer barrierefreier Internetplattform[25] mit Anbietern und Lokalitäten, die sich auf diese Form des Tourismus spezialisiert haben. Die Kampagne läuft unter dem Titel: „Marke Brandenburg – Urlaub ohne Barrieren".

Die zu analysierende Region hat sich selbst zum Ziel gesetzt, zum Vorreiter für barrierefreien Tourismus zu avancieren. Inwieweit die Region Rheinsberg für diese Urlaubsvariante geeignet ist, soll nachfolgend im Punkt 2.2 analysiert werden.

---

[22] Sonnenschein, F. /Nicolaisen, J.: Destinations for the disabled or disabled Destinations? A comparative case study, Masterthesis, University of Southern Denmark 2011, S. 80

[23] Vgl.: Bundesministerium für Wirtschaft und Technologie [Hrsg.]: Barrierefreier Tourismus für Alle in Deutschland – Erfolgsfaktoren und Maßnahmen zur Qualitätssteigerung, 2008, S. 47

[24] Vgl.: http://www.barrierefreie-reiseziele.de/index.php?id=15, Zugriff am 17.02.2012 um 17:49 Uhr

[25] weiterführende Information siehe http://www.barrierefrei-brandenburg.de/

2.2   SWOT – Analyse

Die Stärken, Schwäche, Chancen und Risiken werden nun nachfolgend aufgeschlüsselt.

Stärken	Schwächen
• Haus Rheinsberg als komplett barrierefreie Hotelanlage • Stadtkern und Schlossanlage größtenteils barrierefrei • etliche zielgruppenorientierte Angebote • spezielle Broschüren & Internetplattform • Partizipation der Bevölkerung & KMU's • Kooperationen zwischen Haus Rheinsberg und regionalen Akteuren	• mangelnde barrierefreie und verkehrsinfrastrukturelle Anbindung • hohe Investitionskosten für Unternehmer, um partizipieren zu können • Abhängigkeit von Fördermitteln, Stiftungen, Vereinen oder Privatpersonen • keine durchgängig barrierefreie Uferpromenade
Chancen	**Risiken**
• Befestigung von Rad- und Waldwegen, um reizvolle Natur erlebbar zu machen • Rheinsberg als Teil der Modellregion Ruppiner Land → Bekanntheit steigern	• Einstellung der Zugverbindung nach Rheinsberg • Abhängigkeit der Region vom Hotel Haus Rheinsberg • steigende Konkurrenz auch im eigenen Bundesland • Barrierefreiheit als Standard vorausgesetzt

Abbildung 3: SWOT – Matrix zur Eignung Rheinsbergs für barrierefreien Tourismus[26]

Die in Rheinsberg agierenden touristischen Dienstleister, unterstützen ihrerseits das von der Stadt ausgegebene Ziel hin zur barrierefreien Destination für Reisende durch **diverse zielgruppenspezifische Angebote.** Wie aus der Abbildung 3 erkennbar wird, zählen sie somit zu den ermittelten Stärken der Region. So lässt sich das vorhandene naturräumliche Potenzial mittels Quad – Safaris, behindertengerechten Fahrrädern (Handbikes), rollstuhlgerechten Kremsern, barrierefrei zugänglichen Hausbooten[27] und speziellen Schiffsfahrten durch die Rheinsberger Seenkette auch für Menschen mit Handikap erkunden. Für Blinde existieren gesonderte Offerten, die den Tastsinn in den Mittelpunkt stellen und anregen. Hierzu zählen unter anderem Naturlehrpfade.

---

[26] eigene Darstellung unter Verwendung des aufgeführten Interviews:
Hoffmann, A.; Mitarbeiterin der Tourist –Information Rheinsberg. Persönliches Interview, geführt vom Autor. Rheinsberg, 12.01.2012
[27] siehe Anhang 4

Eine Anzahl an befahrbaren Waldwegen ist zwar gegeben, könnte aber noch in Richtung eines Fahrradnetzes für Behinderte ausgebaut werden. Hier besteht eine Chance dem Menschen noch mehr von der reizvollen Natur zu offerieren und ihn zum Wiederkommen zu bewegen. Zusätzlich sind mittels Rampen und Fahrstühlen die kulturellen Highlights der Stadt, wie das Schloss und die Opernkammer, für mobilitätseingeschränkte Menschen zugänglich. Aktuell ist das Innere des Schlosses aufgrund von Bauarbeiten für Menschen mit Behinderung nicht in Gänze zu besichtigen. In Kooperation mit dem Hotel Haus Rheinsberg und der Touristen – Information der Stadt werden zudem zielgruppenspezifische Stadt- wie auch Schlossführungen angeboten. Darüber hinaus können Konzerte in der Kammeroper von leicht erreichbaren Sonderplätzen aus verfolgt werden.[28]

Des Weiteren gehört zu den angesprochenen Akteuren gleichsam die Hotellerie, die eine barrierefreie Unterbringung ermöglichen soll. In diesem Kontext ist unweigerlich das **Hotel Haus Rheinsberg** anzuführen, welches, **als komplett barrierefrei gestaltete Hotelanlage**, Menschen mit Behinderung die Möglichkeit zum Übernachten bietet. Die in Bezug auf den barrierefreien Tourismus vor Ort herausragende Stellung des Hotels wird durch die Rolle als Initiator der Entwicklung, die Generierung von zum Teil internationalem Publikum[29] und die Beteiligung an zahlreichen Kooperationen mit den regionalen Akteuren, der Stadt sowie der Touristen – Information veranschaulicht. Regelmäßiges Marketing von Seiten des Hotels über Urlaubsangebote und Veranstaltungen in der Stadt schafft Aufmerksamkeit für die ganze Region. Die Resonanz spiegelt sich in einer 80 – 90 prozentigen Belegung im Sommer und einer durchschnittlich 62 prozentigen Auslastung per annum wieder, was weit über dem regionalen Durchschnitt von 34 % liegt.[30] Aufgrund der bequem und leicht zugänglichen Hotelzimmer mit bspw. verstellbaren Bettkonstruktionen, Waschtischen und ebenerdigem Zugang, erfreut sich das Hotel auch bei nicht – mobilitätseingeschränkten Personen zunehmender Beliebtheit.[31] Da das Hotel seitens des Landes Brandenburgs finanzielle Unterstützung erfährt, dürfen als Auflage lediglich 5% der Betten an nichtbehinderte Gäste vergeben werden. Resultierend aus dem Erhalt der Subventionen, muss das von der Fürst Donnersmarck – Stiftung geleitet Beherbergungsunternehmen nicht prioritär kostendeckend arbeiten[32], was ein Vorteil gegenüber anderen Hotels ist.

---

[28] Hoffmann, A.; Mitarbeiterin der Tourist –Information Rheinsberg. Persönliches Interview, geführt vom Autor. Rheinsberg, 12.01.2012

[29] ebenda

[30] Vgl.: Schaaf, H.-D.: „Brandenburg - Barrierefreier Tourismus für Alle - Haus Rheinsberg ist Deutschlands größtes barrierefreies Hotel / Großes Freizeit- und Kulturangebot lockt viele Gäste". In: Allgemeine Hotel- und Gastronomie-Zeitung/Regional und Lokal Ost, Heft Nr. 30, 24.07.2010, Seite 28f

[31] ebenda

[32] Vgl.: Bundesministerium für Wirtschaft und Technologie [Hrsg.]: Barrierefreier Tourismus für Alle in Deutschland – Erfolgsfaktoren und Maßnahmen zur Qualitätssteigerung, 2008, S. 47

Besonders profitiert die Region von den zusätzlichen monetären Zuweisungen des Hotels Haus Rheinsberg, da es ihm möglich ist, auch wirtschaftlich schwer zu stemmende Projekte in der Region finanziell zu unterstützen. Ein Beispiel dafür ist der Ausbau der Seepromenade[33], welcher unter Mithilfe des Hotels realisiert werden konnte. Die Kehrseite der Medaille ist jedoch die Abhängigkeit von eben diesen Mitteln des Landes, die tendenziell, aufgrund von finanziellen Engpässen, abnehmen werden. Ferner nimmt, vor dem Hintergrund neu entstehender Hotels in anderen, künftig auf Barrierefreiheit abzielenden Regionen Brandenburgs, wie z.B. dem Lausitzer Seenland, auch der Wettbewerb der spezialisierten Hotels um Fördermittel zu. Somit besteht das Risiko, dass das Hotel Haus Rheinsberg monetäre Einsparungen erfahren könnte. Hiermit einhergehend, nimmt aber auch die **Abhängigkeit der Region vom Hotel Haus Rheinsberg und dessen finanziellen Mitteln** enorm zu.

Betrachtet man einmal die anderen lokalen Beherbergungsunternehmen, so wird ersichtlich, dass diese im Gegensatz zum subventionierten Hotel Haus Rheinsberg nicht in der Lage sind mehr als nur vereinzelte Zimmer barrierefrei zu gestalten. Ein Beispiel hierfür ist das BEST WESTERN PLUS Marina Wolfsbruch, welches lediglich zwei barrierefreie Zimmer im Repertoire hat. Durch die **gute Vernetzung der Hotelanlagen untereinander und vor allem mit dem Hotel Haus Rheinsberg**, wird allen Gästen der Zugang zu den barrierefreien Veranstaltungen, z.B. einer Stadtführung seitens des Hotels Haus Rheinsberg, ermöglicht.[34] Weiterhin arbeiten die Hotels gut mit der Touristen – Information zusammen, um anstehende Events publik zu machen oder kritische Massen für Veranstaltungen zu erzielen. Trotz alledem täuschen diese Kooperationen nicht über die gegenwärtig noch nicht ausreichende Anzahl an barrierefreien Unterkunftsmöglichkeiten hinweg. Das Hotel Haus Rheinsberg sticht hierbei als Leuchtturm heraus. Vor diesem Hintergrund sowie der Präsenz in regionalen Kooperationen manifestiert sich die herausragende Stellung dieses Hotels. Es fungiert als eine Art „star" („Mittelpunkt – Akteur") in der barrierefreien Anbieterstruktur vor Ort.

Eine elementare Voraussetzung für die gute Umsetzung von barrierefreiem Tourismus ist der kundenorientierte Umgang des Personals mit den Wünschen der spezifischen Zielgruppe. Folglich sollten alle beteiligten Akteure im Umgang mit der Zielgruppe geschult sein. Im Falle des Haus Rheinsberg ist dies in jedem Fall so. Jedoch darf im Hinblick auf andere Hotels mit vereinzelten barrierefreien Zimmern bezweifelt werden, dass sich das Personal ausreichend mit den Wünschen der Zielgruppe auskennt. In solchen Hotels steht immer noch der „normale" Mensch im Fokus.

---

[33] Hoffmann, A.; Mitarbeiterin der Tourist –Information Rheinsberg. Persönliches Interview, geführt vom Autor. Rheinsberg, 12.01.2012
[34] ebenda

Ein weiteres endogenes Potenzial der Region hinsichtlich der thematisierten Tourismusform steckt in der **Vermarktung des Fakts Barrierefreiheit**. Auf Messen wie der Internationalen Grünen Woche und der Internationalen Tourismusbörse in Berlin werden dem deutschlandweiten Publikum die Stadt und vor allem die Barrierefreiheit kundgetan. Über diverse themenspezifische Flyer und Broschüren kann sich der Reisende im Vorfeld über die Destination Rheinsberg informieren. Diese liegen in der Touristeninformation der Stadt aus. Des Weiteren dient neuerdings auch das barrierefreie Internetportal www.barrierefrei-brandenburg.de, welches von der Tourismusakademie Brandenburg betrieben wird, als Informationsquelle. Dort können ebenfalls Informationen über Unterkünfte, Ausflugsmöglichkeiten und Anreise in Erfahrung gebracht werden. Die Stadt selbst bietet auf ihrer Homepage[35] zwar Details zum barrierefreien Tourismus an, diese sind aber lediglich rudimentär. Eine eigene Website zum barrierefreien Tourismus in Rheinsberg existiert nicht. Besondere Aufmerksamkeit erzeugt auch hier wieder das Hotel Haus Rheinsberg mit eigenen Werbekampagnen. Zudem ist die Vermarktung der Barrierefreiheit auch in den Marketingkonzepten des Ruppiner Landes als Querschnittthema integriert.[36]

Ähnlich wie die Vermarktung der Angebote **hängen** auch Investitionen im Bereich der Barrierefreiheit stark **von Fördermitteln und dem Engagement von Einzelpersonen, Stiftungen und Privatpersonen ab**. Eine Auswirkung lässt sich am Beispiel des extra konzipierten Stadtplans für Behinderte aufzeigen. Dieser wurde mit Hilfe der Mittel des Verkehrsvereins Rheinsberger Seenkette finanziert und gedruckt. Gegenwärtig existiert der Verein nicht mehr, was dazu geführt hat, dass der durchaus nachgefragte Plan nicht mehr vervielfältigt werden kann. Die finanziellen Mittel fehlen.[37] Weitere Abhängigkeiten bestehen auch zu der Fürst Donnersmarcks - Stiftung und der Stiftung Preußischer Schlösser und Gärten.

Neben diesen Geldgebern müssen auch die Bevölkerung und die Unternehmer vor Ort hinter der Entwicklung stehen. Laut der Touristen – Information **partizipieren die Unternehmer und Einwohner an der Barrierefreiheit**, da sie diese als Stütze der Region ansehen.[38] Viele KMU's haben an ihre Geschäfte kleine Rampen montiert oder ebenerdige Zugänge in die Shops geschaffen, um auch der Zielgruppe der betrachteten Tourismusform gerecht zu werden.

---

[35] siehe www.rheinsberg.de

[36] Vgl.: Tourismusverband Ruppiner Seenland e.V. [Hrsg.]: Marketing – Plan 2012 für den Tourismusverband Ruppiner Seenland e. V.. Neuruppin, Stand Oktober 2011, S.4, Online im Internet. URL: http://www.ruppinerreiseland.de/dbs24/dbs_pro_pages/pro2001_inc.pages/pro_inc.files/downloads/MAK-Plan2012.pdf, Zugriff am 28.02.2012 um 11:56 Uhr

[37] Hoffmann, A.; Mitarbeiterin der Tourist –Information Rheinsberg. Persönliches Interview, geführt vom Autor. Rheinsberg, 12.01.2012

[38] ebenda

Die Kosten für diese Umbaumaßnahmen können stark variieren und gehen allein auf Kosten der Unternehmer selbst.[39] Es ist demzufolge nicht allen Inhabern möglich die zum Teil notwendigen und sehr hohen Investitionen aufzubringen.

Die Erreichbarkeit einer Urlaubsdestination via Bahn, Bus und Auto ist ein Schlüsselfaktor im Kampf um die loyalen Kunden. Besonders für abgelegene Gebiete ist dieser Fakt von immenser Bedeutung. Um den sich im peripheren Raum befindlichen Ort Rheinsberg erreichen zu können, sollte demzufolge eine geeignete barrierefreie Anbindung vorhanden sein. Diese Voraussetzung konnte in Rheinsberg nicht nur nicht erfüllt werden, sondern gleichsam als größte Schwäche in Bezug auf den Wettbewerb der Urlaubsdestination aufgedeckt werden. **Die mangelnde barrierefreie und verkehrsinfrastrukturelle Anbindung**[40] wird durch zwei Determinanten besonders deutlich.

Der örtliche Bahnhof ist weder durch Rampen noch durch Ebenerdigkeit gekennzeichnet und somit nicht für eine Ankunft mobilitätseingeschränkter Personen mittels Zug geeignet. Weiterhin ist auch das Fortbewegen mit Bussen vor Ort schwierig, da diese nur selten barrierefrei sind. Verstärkt wird der Standortnachteil durch die schlechte Zuganbindung, die nur im Sommer existiert. Die Anreise im Winter ist somit nur mit Shuttle – Service, dem Bus oder dem eigenen Auto möglich. Der Betrieb der Bahnlinie RB 54 ist selbst für den Sommer in Gefahr, da dieser für die Deutsche Bahn unrentabel ist. So müssen die Unternehmen und Einheimischen jedes Jahr um den Fortbestand der Linie kämpfen. Darüber hinaus schränken fehlende Querverbindungen zu anderen Landkreisen und dem Bundesland Mecklenburg – Vorpommern die Diversität an Ausflugsmöglichkeiten ein. Im Stadtkern von Rheinsberg selber ist die Fortbewegung zu Fuß oder mit dem Rollstuhl durch nachträglich eingebaute Gehwegplatten anstatt dem historischen Kopfsteinpflaster und abgesenkte Bordsteinkanten gut möglich. Auch die asphaltierte Uferpromenade ist gut geeignet um sie mit dem Rollstuhl zu befahren, jedoch fehlt die Verbindung vom Haus Rheinsberg hin zum Schlosstheater. Dies ist der ungeklärten Haftungsfrage sowie den eingeschränkten finanziellen Mitteln des Besitzers, der Stiftung Preußischer Schlösser und Gärten, geschuldet.

Die ermittelten Stärken, Schwächen, Chancen und Risiken sollen im Punkt 2.3 auf die Prüfkriterien projiziert werden.

---

[39] Vgl.: Hein, D./Plappert, M.-L.: Barrierefreier Naturtourismus in Brandenburg und Entwicklung eines Erlebnisführers in der Region Barnim, 2008, S. 16
[40] siehe auch Anhang 5

2.3 Eignung für barrierefreien Tourismus

Reflektierend aus dem ersten Kapitel sollen an dieser Stelle die zu überprüfenden Determinanten einer barrierefreien Urlaubsdestination abermals ins Gedächtnis gerufen werden. Auf Grundlage etwaiger, nachfolgender Prüfkriterien wurde die Region Rheinsberg, unter zur Hilfenahme einer tourismusbezogenen SWOT – Analyse in Kapitel 2.2, auf ihre Eignung hin inspiziert. Die einzelnen Punkte von eins bis sieben werden nun hinsichtlich ihres Erfülltheitsgrades aufgeschlüsselt. Dabei werden ihnen die Ergebnisse der SWOT – Analyse zugeordnet.

1. barrierefreie touristische Dienstleistungen/Unterbringung
2. barrierefreie Infrastruktur vor Ort/für Anreise und Abreise
3. Vernetzung der regionalen touristischen Anbieter
4. Innen- und Außenmarketing für Barrierefreiheit der Destination
5. ein gut ausgebildetes Fachpersonal, um Kundenwünschen gerecht zu werden
6. Akzeptanz und Partizipation der Bevölkerung mit dem barrierefreien Konzept
7. strategische Implementierung in regionale und überregionale Konzepte

Abbildung 4: Prüfkriterien für die Eignung einer Region für barrierefreien Tourismus[41]

<u>Zu 1.) barrierefreie touristische Dienstleistungen/Unterbringung</u>

Die breite Anzahl und Diversität der barrierefreien Offerten in Rheinsberg zählt zu den Stärken in Bezug auf die Eignung für diese spezielle Tourismusform. Als Leuchtturm der Beherbergungsbranche wurde das Hotel Haus Rheinsberg identifiziert. Es mangelt noch an weiteren barrierefreien Unterkünften. Trotzdem kann diese Voraussetzung für barrierefreien Tourismus erfüllt werden.

<u>Zu 2.) barrierefreie Infrastruktur vor Ort/für Anreise und Abreise</u>

Dieser Punkt kann nur zur Hälfte bestätigt werden. Auf der einen Seite ist die schlechte Anbindung an die Destination Rheinsberg, aber auch die Fortbewegung mit Bussen vor Ort nachgewiesener Maßen ein echtes Manko. Der Reisende ist bei der Anreise auf das Auto oder den Shuttle – Service der Hotels angewiesen. Auf der anderen Seite kann der Stadtkern sowie das Schloss zu Fuß und mit dem Rollstuhl barrierefrei passiert werden.

<u>Zu 3.) Vernetzung der regionalen touristischen Anbieter</u>

Es existieren viele Kooperationen zwischen dem Haus Rheinsberg und den lokalen Akteuren. Darüber hinaus konnten sie in der Analyse als Stärke identifiziert werden, da hierdurch die Möglichkeit für Synergieeffekte geschaffen wurde. Folglich kann dieses Prüfkriterium als erfüllt angesehen werden.

---

[41] eigene Darstellung unter Verwendung von Bundesministerium für Wirtschaft und Technologie [Hrsg.]: Barrierefreier Tourismus für Alle in Deutschland – Erfolgsfaktoren und Maßnahmen zur Qualitätssteigerung, 2008, S. 79ff

Zu 4.) Innen- und Außenmarketing für Barrierefreiheit der Destination

Laut der Touristen – Information zeugen bundesweite Anfragen von der Bekanntheit der Stadt Rheinsberg. Auch die spezielle Ausrichtung auf den Abbau von Barrieren wird zur Kenntnis genommen und spiegelt sich in einer zunehmenden Nachfrage Nichtbehinderter nach Hotelzimmern im Haus Rheinsberg wider. Zahlreiche Prospekte können im Vorhinein der Reise herangezogen werden. Jedoch hängt deren Bereitstellung oft von Geldgebern ab. Somit kann diese Determinante zwar bekräftigt werden, allerdings besteht hier noch Verbesserungspotenzial.

Zu 5.) ein gut ausgebildetes Fachpersonal, um Kundenwünschen gerecht zu werden

Dieser Aspekt konnte nicht zur Gänze analysiert werden, da es eines längeren Aufenthalts vor Ort bedarf, um das Personal hinsichtlich ihrer Kenntnisse zu prüfen. Im Falle des Hotels Haus Rheinsberg darf jedoch davon ausgegangen werden, dass die Mitarbeiter speziell geschult sind. Bei den anderen Hotels bleibt diese Frage jedoch offen.

Zu 6.) Akzeptanz und Partizipation für Bevölkerung mit barrierefreien Konzept

Die Unternehmen symbolisieren durch den nachträglichen Umbau ihrer Geschäfte (barrierefreien Eingängen), dass sie das wirtschaftliche Potenzial erkannt haben und die Entwicklung als zukunftsweisend erachten. Die Bevölkerung steht laut der Touristen – Information auch hinter dem Konzept der Barrierefreiheit. Hierbei kann jedoch nicht per se auf die ganze Bevölkerung geschlossen werden. Trotzdem konnte dieser Aspekt während der Analyse nachgewiesen werden.

Zu 7.) strategische Implementierung in regionale und überregionale Konzepte

Der barrierefreie Tourismus ist in den Konzepten der Gebietskörperschaften, Landkreis und Bundesland, als Querschnittsthema verankert. In Rheinsberg selbst weiß die Politik über die hohe bis sehr hohe wirtschaftliche Bedeutung Bescheid. Aufgrund dessen kann der Punkt ebenfalls verifiziert werden. Zu bedenken ist jedoch, dass kein Mitarbeiter in der Touristen – Information eine klare Zuständigkeit für den Bereich der Barrierefreiheit im Tourismus hat.

Mit Hilfe der bewerteten Prüfkriterien, kann nun abschließend im Fazit eine generelle Entscheidung über die Eignung der Region Rheinsberg für barrierefreien Tourismus getroffen werden.

3   Fazit und Handlungsempfehlungen

Wie aus den Ergebnissen der SWOT – Analyse (Kapitel 2.2) und dem Abgleich mit den Merkmalen der Anbieterseite (Kapitel 2.3) hervorgeht, erfüllt die Region Rheinsberg eine Vielzahl an Voraussetzungen für barrierefreien Tourismus. Davon zeugt die ausreichende Anzahl an barrierefreien touristischen Dienstleistungen in der Stadt Rheinsberg. Die zusätzliche Vernetzung der regionalen Akteure konnte ebenfalls nachgewiesen werden. Zudem wird durch diese zahlreichen Kooperationen die Angebotsvielfalt entlang der touristischen Servicekette gewährleistet. Hierbei dienen zahlreiche Broschüren als Informationsquelle. Die örtlichen Unternehmen beteiligen sich durch kostenintensive Umbauten an dem Konzept.

Diese Hauptfaktoren sprechen für die Eignung der Region für den barrierefreien Tourismus. Jedoch konnten nicht alle Prüfkriterien vollumfänglich erfüllt werden, was dementsprechend einen Handlungsbedarf in gewissen Teilbereichen offenbarte.

Zunächst ist die auffällige Rolle des Hotels Haus Rheinsberg anzumerken. In nahezu alle barrierefreien Angebote ist das Haus involviert. Seien es Ausflüge, Veranstaltungen speziell für Behinderte, Shuttle – Service von Berlin oder die kooperativen Tätigkeiten mit der Touristen – Information. Auf der einen Seite ist es somit ein Segen für die Region, da durch das Hotel eine Positionierung im Hinblick auf den barrierefreien Tourismus erst möglich ist. Auf der anderen Seite besteht hierdurch auch eine starke Abhängigkeit des Tourismussektors von dieser Einrichtung. Der barrierefreie Tourismus darf nicht allein auf einem Akteur fußen, sondern die Lasten müssen auf mehrere Akteure verteilt werden. Im Bereich der barrierefreien Unterbringung besteht hiermit noch Handlungsbedarf.

Da zunehmend auch nichtbehinderte Menschen die barrierefreien Unterkünfte vor Ort nachfragen, empfiehlt es sich in den lokalen Hotels die Barrierefreiheit zu intensivieren, um mehr als nur vereinzelte Zimmer anbieten zu können. Zudem sollte zugleich das Personal in den Hotels hinsichtlich der Kundenwünsche geschult werden. Bei den Angeboten sollte die Qualität im Vordergrund stehen.

Weiterer Handlungsbedarf besteht bei der Erreichbarkeit der Destination. Diese sollte dringend verbessert werden. Hierzu ist anzuraten mehr Touristen zu animieren mit der Bahn anzureisen, damit die Bahnlinie auch in Zukunft bestehen kann. Dies könnte durch Kombinationsangebote seitens der Hotels, z.B. Zimmer inklusive vergünstigtem Bahnticket, realisiert werden. Voraussetzung ist jedoch, dass der Bahnhof für Anreisen und Abreisen barrierefrei gestaltet wird. Ansonsten könnte die Einrichtung von Shuttle – Service und Bustransfers von Berlin aus verfolgt werden. Eine geschickte Lenkung des Verkehrs, z.B. durch Tempo – 30 – Zonen, Parkuhren oder sogar Spielstraßen könnte zudem helfen mehr Menschen vom Auto auf die Anreise per Bus und Bahn umschwenken zu lassen.

Ferner empfiehlt es sich den barrierefreien Tourismus stärker in Verbindung mit dem Kultur- oder Natururlaub zu vermarkten. Eine Kombination aus den Komponenten könnte die Unique Local Proposition der Region bezüglich des Tourismus in der Gesamtheit stärken. Selbst wenn die Touristen die Annehmlichkeiten des barrierefreien Tourismus als Standard voraussetzen, bietet die Diversifikation auf mehrere Tourismusformen genug Potenzial, dem Kunden passende Pakete zu offerieren. Als Kommunikationsmedium sollte künftig eine Internetplattform mit den barrierefreien Angeboten der Stadt eingerichtet werden. Weiterhin ist anzuregen auch Schwangeren und Familien die Vorzüge der Tourismusform näher zu bringen. Selektives Marketing für diese Zielgruppe könnte durch die Website, familienfreundliche Angebote und Veranstaltungen vonstattengehen. Die Präsenz auf regionalen und überregionalen Messen in größeren Städten in Brandenburg sowie in Berlin ist dabei dringend zu verfolgen.

Im Land Brandenburg als auch im Landkreis Ostprignitz – Ruppin ist der barrierefreie Tourismus konzeptionell verankert. Es existieren sogar einzelne Stabstellen, die sich ausschließlich um die Belange der speziellen Tourismusform kümmern. In Rheinsberg gibt es keinen spezifischen Posten für diesen Tourismus. Hier kann die Implementierung einer Koordinationsstelle für barrierefreien Tourismus in die Touristen – Information vorgeschlagen werden. Die dieser Person obliegenden Aufgaben sind an die Arbeitsfelder eines Regionalmanagers und Tourismusmanagers angelehnt. Somit könnte ein Regional- oder Tourismusmanager, aufgrund der klaren Zuständigkeit für das Ressort Barrierefreiheit dabei helfen schnellere und bessere strategisch Entscheidungen zusammen mit den regionalen Akteuren zu treffen. Die Koordinationsstelle dient bei solchen Treffen als Moderator und Mediator zugleich. Darüber hinaus ist die Person zuständig für die koordinierte Vermarktung der Tourismusform. Ein Hauptarbeitsfeld würde zudem die Netzwerkbildung in diesem Bereich sein. Hierbei fungiert der Regional- oder Tourismusmanager als Initiator. Als Netzwerk – „Star" könnte das Hotel Haus Rheinsberg agieren, jedoch nur unter der Prämisse, dass andere Hotels und Anbieter das Konzept Barrierefreiheit aktiv, z.B. durch die Bereitstellung von mehr Zimmern als es gegenwärtig der Fall ist, mit tragen.

Schlussendlich lässt sich summieren, dass die Region Rheinsberg zwar geeignet ist für den barrierefreien Tourismus, allerdings durch die schlechte Erreichbarkeit einen klaren Nachteil im Wettbewerb der Urlaubsdestinationen um die in Zukunft zahlenmäßig steigenden Nachfrager besitzt. Bei Umsetzung der genannten Handlungsempfehlungen könnten neue Kapazitäten in den Hotels entstehen und dadurch die Wertschöpfung in der Region erhöht werden. Diese spezielle Tourismusform bietet für die Zukunft viel Potenzial, jedoch muss man auch hier ständig mit dem Trend gehen und darf keine Entwicklung im Bereich des Tourismus verpassen.

DIE EIGNUNG DER REGION RHEINSBERG FÜR BARRIEREFREIEN TOURISMUS

ANHANG

Anhang

> Unter Tourismus versteht man *„die Gesamtheit der Beziehungen und Erscheinungen [...], die sich aus der Ortsveränderung und dem Aufenthalt von Personen ergeben, für die der Aufenthaltsort weder hauptsächlicher und dauernder Wohn- noch Arbeitsort ist.“*

Anhang 1: Definition Tourismus

QUELLE: Kaspar, C.: Tourismuslehre im Grundriss. In: St. Galler Beiträge zum Tourismus und zur Verkehrswirtschaft, Reihe Tourismus, 5. Auflage, Haupt Verlag, Bern 1996, S. 16

Anhang 2: barrierefreie touristische Servicekette

QUELLE: Nationale Koordinationsstelle Tourismus für Alle e.V.: Grafik barrierefreie touristische Servicekette. Download vom 10.02.2012 um 19:15 Uhr. URL: http://www.natko.de/uploads/images/touristische_servicekette.gif

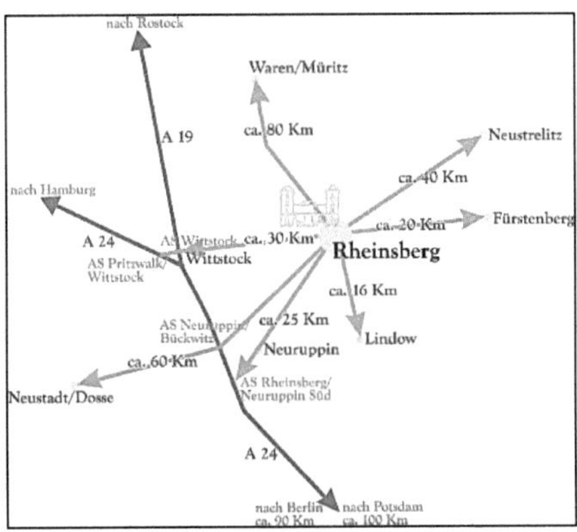

Anhang 3: Lage der Region Rheinsberg

QUELLE: Offizielle Website der Stadt Rheinsberg: Grafik zur Lage der Region Rheinsberg. Download vom 17.02.2012 um 18:21 Uhr. URL: http://www.rheinsberg.de/uploads/pics/karte_orientierung_04.jpg

Anhang 4: barrierefreie Hausboote

QUELLE: Offizielle Website der AG Barrierefreie Reiseziele in Deutschland: Grafik barrierefreie Hausboote. Download vom 27.02.2012 um 12:41 Uhr. URL: http://www.barrierefreie-reiseziele.de/uploads/tx_sbdownloader/Tristan-Boot_von_Rolly_Tours_auf_dem_See_unterwegs.jpg

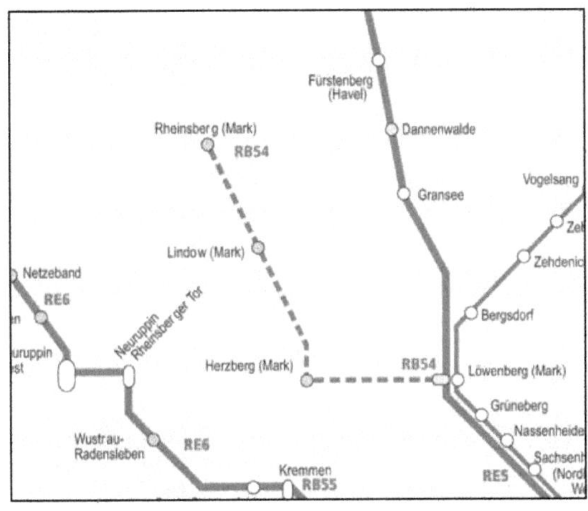

Anhang 5: Zuganbindung nach Rheinsberg

QUELLE: Website der Märkisch Oderzeitung: Grafik Auszug aus dem Streckennetz der Deutschen Bahn. Download vom 28.02.2012 um 11:39 Uhr URL: http://www.moz.de/fileadmin/media/bilderzoom/streckennetz-vbb.jpg

Literatur- und Quellenverzeichnis

<u>Literatur</u>

FREYER, W.: Tourismus. Einführung in die Fremdenverkehrsökonomie. 7. Auflage, Oldenbourg Verlag, München 2001

MEYER, J.-A.: Regionalmarketing – Grundlagen, Konzepte, Anwendung. Verlag Vahlen, München 1999

ALLGEMEINER DEUTSCHER AUTOMOBIL CLUB E.V.[HRSG.]: Barrierefreier Tourismus für Alle. Eine Planungshilfe für Tourismus-Praktiker zur erfolgreichen Entwicklung barrierefreier Angebote. München 2003

TRUTE, F.-U. /**TRUTE**, I.: Regionalentwicklung – Gesundheitsregion – Gesundheitsmanagement. Recherche - Platz der Gesundheit in der Region zwischen Tharandter Wald und Sächsischer Schweiz sowie zwischen Sächsischem Elbland und Oberlausitzer Heide- und Teichlandschaft. In: OIKOS, Heft 3, Eberswalde 2007

BUNDESMINISTERIUM FÜR WIRTSCHAFT UND TECHNOLOGIE [HRSG.]: Ökonomische Impulse eines barrierefreien Tourismus für Alle. Kurzfassung der Untersuchungsergebnisse, *Eine Untersuchung im Auftrag des Bundesministeriums für Wirtschaft und Technologie*, Dokumentation Nr. 526, 2. Auflage, Berlin 2004

STOY, R.: Die Bedeutung von Barrierefreiheit für Stadt- und Tourismusmarketing, Bachelorarbeit, Hochschule für nachhaltige Entwicklung Eberswalde, Eberswalde 2010

BUNDESMINISTERIUM FÜR WIRTSCHAFT UND TECHNOLOGIE [HRSG.]: Barrierefreier Tourismus für Alle in Deutschland – Erfolgsfaktoren und Maßnahmen zur Qualitätssteigerung, Berlin 2008

KASPAR, C.: Tourismuslehre im Grundriss. In: St. Galler Beiträge zum Tourismus und zur Verkehrswirtschaft, Reihe Tourismus, 5. Auflage, Haupt Verlag, Bern 1996

SONNENSCHEIN, F. /**NICOLAISEN**, J.: Destinations for the disabled or disabled Destinations? A comparative case study, Masterthesis, University of Southern Denmark 2011

SCHAAF, H.-D.: „Brandenburg - Barrierefreier Tourismus für Alle - Haus Rheinsberg ist Deutschlands größtes barrierefreies Hotel / Großes Freizeit- und Kulturangebot lockt viele Gäste". In: Allgemeine Hotel- und Gastronomie-Zeitung/Regional und Lokal Ost, Heft Nr. 30, 24.07.2010, Seite 28f

HEIN, D./PLAPPERT, M.-L.: Barrierefreier Naturtourismus in Brandenburg und Entwicklung eines Erlebnisführers in der Region Barnim, Bachelorarbeit, Fachhochschule Eberswalde, Eberswalde 2008

Interview

HOFFMANN, A.; Mitarbeiterin der Tourist –Information Rheinsberg. Persönliches Interview, geführt vom Autor. Rheinsberg, 12.01.2012

Internet

BUNDESMINISTERIUM FÜR WIRTSCHAFT UND TECHNOLOGIE [HRSG.]: Tourismuspolitischer Bericht der Bundesregierung. 16. Legislaturperiode, Berlin, Stand Februar 2008, Online im Internet. URL: http://www.bmwi.de/BMWi/Redaktion/PDF/Publikationen/tourismuspolitischer-bericht-der-bundesregierung,property=pdf,bereich=bmwi,sprache=de,rwb=true.pdf, zuletzt eingesehen am 16.02.2012 um 10:12 Uhr

NATIONALE KOORDINATIONSSTELLE TOURISMUS FÜR ALLE E.V.: Grafik barrierefreie touristische Servicekette. Download vom 10.02.2012 um 19:15 Uhr. URL: http://www.natko.de/uploads/images/touristische_servicekette.gif

OFFIZIELLE WEBSITE DER STADT RHEINSBERG: Grafik zur Lage der Region Rheinsberg. Download vom 17.02.2012 um 18:21 Uhr. URL: http://www.rheinsberg.de/uploads/pics/karte_orientierung_04.jpg

AMT FÜR STATISTIK BERLIN – BRANDENBURG [HRSG.]: Bevölkerung der Gemeinden im Land Brandenburg 31. 12. 2010, Statistischer Bericht A I 2 – hj 2 / 10, Potsdam 2011, Online im Internet. URL: http://www.statistik-berlin-brandenburg.de/Publikationen/Stat_Berichte/2011/SB_A1-2_hj02-10_BB.pdf, zuletzt eingesehen am 17.02.2012 um 17:45 Uhr

ARBEITSGEMEINSCHAFT „BARRIEREFREIE REISEZIELE IN DEUTSCHLAND": Offizielle Website. http://www.barrierefreie-reiseziele.de/index.php?id=15, zuletzt eingesehen am 17.02.2012 um 17:49 Uhr

ARBEITSGEMEINSCHAFT „BARRIEREFREIE REISEZIELE IN DEUTSCHLAND": Grafik barrierefreie Hausboote. Download vom 27.02.2012 um 12:41 Uhr. URL: http://www.barrierefreie-reiseziele.de/uploads/tx_sbdownloader/Tristan-Boot_von_Rolly_Tours_auf_dem_See_unterwegs.jpg

TOURISMUSVERBAND RUPPINER SEENLAND E.V. [HRSG.]: Marketing – Plan 2012 für den Tourismusverband Ruppiner Seenland e. V.. Neuruppin, Stand Oktober 2011, Online im Internet. URL: http://www.ruppinerreiseland.de/dbs24/dbs_pro_pages/pro2001_inc.pages/pro_inc.files/downloads/MAK-Plan2012.pdf, zuletzt eingesehen am 28.02.2012 um 11:56 Uhr

WEBSITE DER MÄRKISCH ODERZEITUNG: Grafik Auszug aus dem Streckennetz der Deutschen Bahn. Download vom 28.02.2012 um 11:39 Uhr URL: http://www.moz.de/fileadmin/media/bilderzoom/streckennetz-vbb.jpg